Nome:

Professor:

Escola:

Eliana Almeida • Aninha Abreu

Vamos Trabalhar

Raciocínio lógico e treino mental

4

TABUADA

Editora do Brasil

Dados Internacionais de Catalogação na Publicação (CIP)
(Câmara Brasileira do Livro, SP, Brasil)

Almeida, Eliana
Vamos trabalhar 4: raciocínio lógico e treino mental / Eliana Almeida, Aninha Abreu. – 1. ed. – São Paulo: Editora do Brasil, 2019.

ISBN 978-85-10-07450-6 (aluno)
ISBN 978-85-10-07451-3 (professor)

1. Matemática (Ensino fundamental) 2. Tabuada (Ensino fundamental) I. Abreu, Aninha. II. Título.
19-26272 CDD-372.7

Índices para catálogo sistemático:
1. Matemática : Ensino fundamental 372.7
Maria Alice Ferreira – Bibliotecária – CRB-8/7964

Direção-geral: Vicente Tortamano Avanso

Direção editorial: Felipe Ramos Poletti
Gerência editorial: Erika Caldin
Supervisão de arte e editoração: Cida Alves
Supervisão de revisão: Dora Helena Feres
Supervisão de iconografia: Léo Burgos
Supervisão de digital: Ethel Shuña Queiroz
Supervisão de controle de processos editoriais: Roseli Said
Supervisão de direitos autorais: Marilisa Bertolone Mendes

Supervisão editorial: Carla Felix Lopes
Edição: Carla Felix Lopes
Assistência editorial: Ana Okada e Beatriz Pineiro Villanueva
Copidesque: Ricardo Liberal
Revisão: Alexandra Resende e Elaine Silva
Pesquisa iconográfica: Lucas Alves
Assistência de arte: Carla Del Matto
Design gráfico: Regiane Santana e Samira de Souza
Capa: Samira de Souza
Imagem de capa: Marcos Machado

Ilustrações: Bruna Ishihara, Eduardo Belmiro, Estúdio Mil, Ilustra Cartoon, Reinaldo Rosa e Ronaldo L. Capitão
Coordenação de editoração eletrônica: Abdonildo José de Lima Santos
Editoração eletrônica: Marcos Gubiotti e William Takamoto

Licenciamentos de textos: Cinthya Utiyama, Jennifer Xavier, Paula Harue Tozaki e Renata Garbellini

Controle de processos editoriais: Bruna Alves, Carlos Nunes, Rafael Machado e Stephanie Paparella

1ª edição / 4ª impressão, 2023
Impresso na A. R. Fernandez.

Editora do Brasil

Rua Conselheiro Nébias, 887
São Paulo, SP – CEP: 01203-001
Fone: +55 11 3226-0211
www.editoradobrasil.com.br

APRESENTAÇÃO

Com o objetivo de despertar em vocês – nossos alunos – o interesse, a curiosidade, o prazer e o raciocínio rápido, entregamos a versão atualizada da Coleção Vamos Trabalhar Tabuada.

Nesta proposta de trabalho, o professor pode adequar os conteúdos de acordo com o planejamento da escola.

Oferecemos o Material Dourado em todos os cinco volumes, para que vocês possam, com rapidez e autonomia, fazer as atividades elaboradas em cada livro da coleção. Todas as operações e atividades são direcionadas para desenvolver habilidades psíquicas e motoras com independência.

Manipulando o Material Dourado, vocês realizarão experiências concretas, estruturadas para conduzi-los gradualmente a abstrações cada vez maiores, provocando o raciocínio lógico sobre o sistema decimal.

Desejamos a todos vocês um excelente trabalho.

Nosso grande e afetuoso abraço,

As autoras

AS AUTORAS

Eliana Almeida

- Licenciada em Artes Práticas
- Psicopedagoga clínica e institucional
- Especialista em Fonoaudiologia (área de concentração em Linguagem)
- Pós-graduada em Metodologia do Ensino da Língua Portuguesa e Literatura Brasileira
- Psicanalista clínica e terapeuta holística
- *Master practitioner* em Programação Neurolinguística
- Aplicadora do Programa de Enriquecimento Instrumental do professor Reuven Feuerstein
- Educadora e consultora pedagógica na rede particular de ensino
- Autora de vários livros didáticos

Aninha Abreu

- Licenciada em Pedagogia
- Psicopedagoga clínica e institucional
- Especialista em Educação Infantil e Educação Especial
- Gestora de instituições educacionais do Ensino Fundamental e do Ensino Médio
- Educadora e consultora pedagógica na rede particular de ensino
- Autora de vários livros didáticos

DEDICATÓRIA

Ao meu grande amigo e parceiro, professor de Matemática, Sérgio Mendes.

Todo meu respeito e carinho,
Eliana

"Não há saber mais ou saber menos: há saberes diferentes."
Paulo Freire

Às minhas irmãs que me antecederam, obrigada pelos caminhos que, com muito suor e lágrimas, vocês conquistaram, facilitando meu caminhar.

Com carinho,
Aninha

SUMÁRIO

Vamos trabalhar as unidades, dezenas e centenas 7
Vamos trabalhar a adição 10
Tabuada de adição de 1 a 5 11
Tabuada de adição de 6 a 10 12
Automatizando a tabuada 13
Vamos trabalhar a adição sem reserva 14
Problemas de adição sem reserva 15
Vamos trabalhar a adição com reserva 16
Problemas de adição com reserva 18
Educação financeira 19
Vamos trabalhar os milhares 20
Problemas com unidade de milhar 23
Vamos trabalhar a subtração 25
Tabuada de subtração de 1 a 5 26
Tabuada de subtração de 6 a 10 27
Automatizando a tabuada 28
Vamos trabalhar a subtração sem recurso 29
Vamos trabalhar a subtração com recurso 31
Prova real da adição 32
Prova real da subtração 35
Problemas de subtração 37
Educação financeira 38
Vamos trabalhar a multiplicação 39
Tabuada de multiplicação de 1 a 5 40
Tabuada de multiplicação de 6 a 10 41
Automatizando a tabuada 42
Vamos trabalhar a multiplicação com reserva 43
Vamos trabalhar a multiplicação por dois algarismos 45
Vamos trabalhar a multiplicação por mais de dois algarismos 46
Vamos trabalhar a multiplicação por 10, 100 e 1000 47
Problemas de multiplicação 48
Vamos trabalhar a divisão 49
Tabuada de divisão de 1 a 5 50
Tabuada de divisão de 6 a 10 51
Automatizando a tabuada 52
Vamos trabalhar a divisão exata 53
Vamos trabalhar a divisão não exata 54
Vamos trabalhar a divisão por dois algarismos 55
Prova real da multiplicação 56
Prova real da divisão 58
Vamos trabalhar a divisão não exata 59
Material Dourado 61, 63

Vamos trabalhar as unidades, dezenas e centenas

Iniciando pelo zero e acrescentando sempre uma unidade, temos a sucessão dos números naturais.

0, 1, 2, 3, 4, 5, 6, 7, 8, 9, 10, 11, ...

A sequência dos números naturais não tem fim.

Nosso sistema de numeração é decimal, ou seja, os números são agrupados de 10 em 10.

Observe:

nove pinos = nove unidades
9 pinos = 9 unidades

Dezena	Unidade

Dez unidades agrupadas formam uma dezena.
10 unidades = 1 dezena
10 unidades = 1 barrinha

D	U

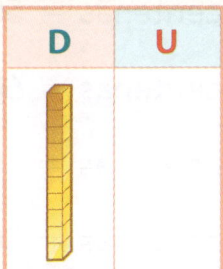

Observe um pouco mais:

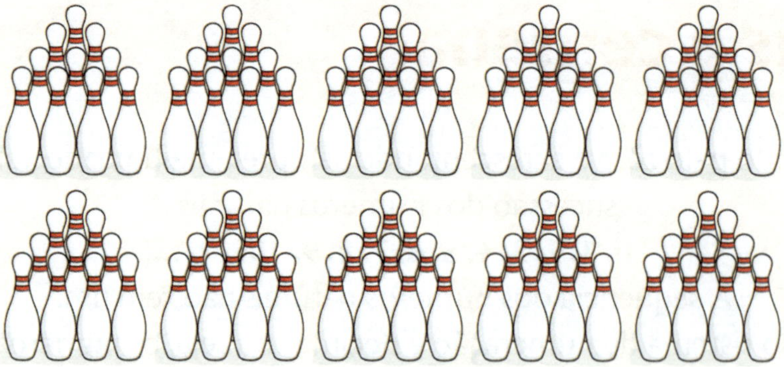

Dez grupos de dez unidades formam uma centena.
100 unidades = 10 dezenas = 1 centena
10 barrinhas = 1 placa

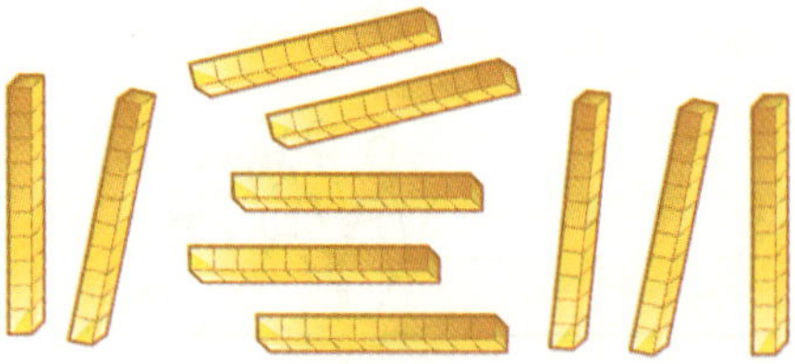

C	D	U
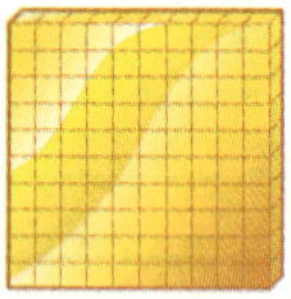		

Atividades

1 Escreva por extenso as centenas exatas.

1 centena = 100 → cem
2 centenas = 200 → duzentos
3 centenas = 300 → trezentos
4 centenas = 400 → quatrocentos
5 centenas = 500 → quinhentos
6 centenas = 600 → seiscentos
7 centenas = 700 → setecentos
8 centenas = 800 → oitocentos
9 centenas = 900 → novecentos

a) 100 ______
b) 200 ______
c) 300 ______
d) 400 ______
e) 500 ______
f) 600 ______
g) 700 ______
h) 800 ______
i) 900 ______

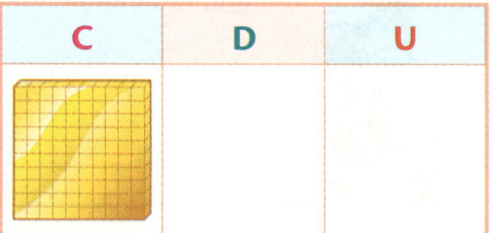

2 Termine as sequências escrevendo as dezenas e centenas exatas.

10	**20**							

100	**200**							

3 Escreva com algarismos os números correspondentes aos números escritos por extenso.

a) duzentos e trinta e cinco ____________

b) quinhentos e dezoito ____________

c) seiscentos e sessenta ____________

d) oitocentos e noventa e nove ____________

e) cento e oitenta e quatro ____________

4 Complete o quadro a seguir.

100							**170**		
200	**210**	**220**							
300			**330**						
400		**420**							
500				**540**					
600						**660**			
700					**750**				
800								**880**	
900			**930**						

Vamos trabalhar a adição

Adição: juntar, somar, reunir.
Sinal: + (mais).

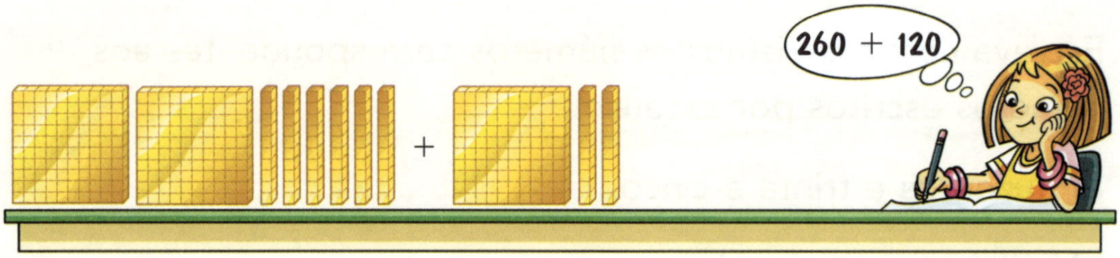

Malu está estudando adição. Ela usa o Material Dourado para fazer o cálculo.

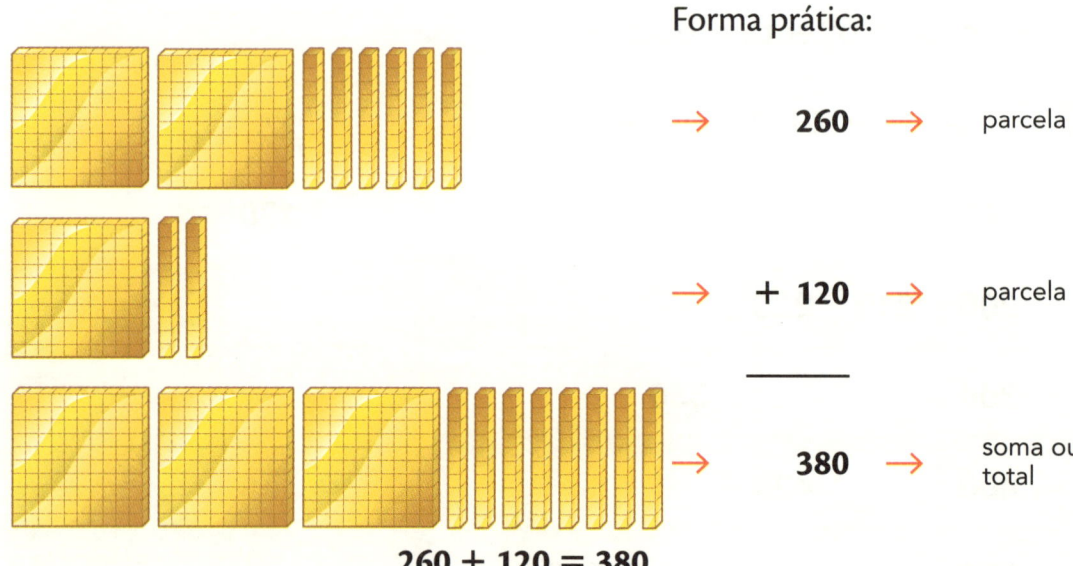

Forma prática:

→	260 →	parcela
→	+ 120 →	parcela
→	380 →	soma ou total

260 + 120 = 380

Atividade

1 Faça o cálculo abaixo.

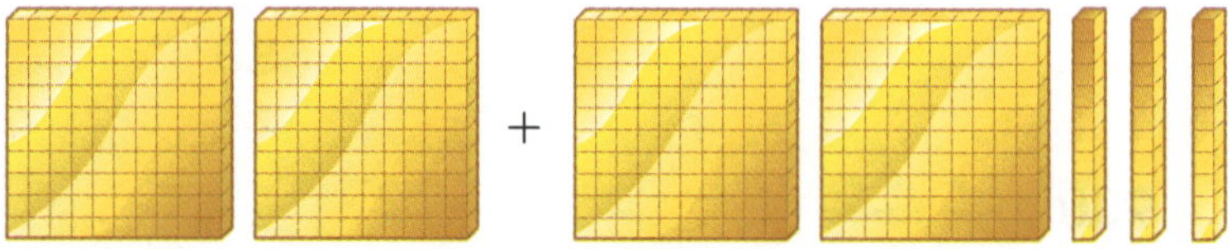

Cálculo mental

Tabuada de adição de 1 a 5

1	+	1	=	2
1	+	2	=	3
1	+	3	=	4
1	+	4	=	5
1	+	5	=	6
1	+	6	=	7
1	+	7	=	8
1	+	8	=	9
1	+	9	=	10

2	+	1	=	3
2	+	2	=	4
2	+	3	=	5
2	+	4	=	6
2	+	5	=	7
2	+	6	=	8
2	+	7	=	9
2	+	8	=	10
2	+	9	=	11

3	+	1	=	4
3	+	2	=	5
3	+	3	=	6
3	+	4	=	7
3	+	5	=	8
3	+	6	=	9
3	+	7	=	10
3	+	8	=	11
3	+	9	=	12

4	+	1	=	5
4	+	2	=	6
4	+	3	=	7
4	+	4	=	8
4	+	5	=	9
4	+	6	=	10
4	+	7	=	11
4	+	8	=	12
4	+	9	=	13

5	+	1	=	6
5	+	2	=	7
5	+	3	=	8
5	+	4	=	9
5	+	5	=	10
5	+	6	=	11
5	+	7	=	12
5	+	8	=	13
5	+	9	=	14

Cálculo mental

Tabuada de adição de 6 a 10

6	+	1	=	7
6	+	2	=	8
6	+	3	=	9
6	+	4	=	10
6	+	5	=	11
6	+	6	=	12
6	+	7	=	13
6	+	8	=	14
6	+	9	=	15

7	+	1	=	8
7	+	2	=	9
7	+	3	=	10
7	+	4	=	11
7	+	5	=	12
7	+	6	=	13
7	+	7	=	14
7	+	8	=	15
7	+	9	=	16

8	+	1	=	9
8	+	2	=	10
8	+	3	=	11
8	+	4	=	12
8	+	5	=	13
8	+	6	=	14
8	+	7	=	15
8	+	8	=	16
8	+	9	=	17

9	+	1	=	10
9	+	2	=	11
9	+	3	=	12
9	+	4	=	13
9	+	5	=	14
9	+	6	=	15
9	+	7	=	16
9	+	8	=	17
9	+	9	=	18

10	+	1	=	11
10	+	2	=	12
10	+	3	=	13
10	+	4	=	14
10	+	5	=	15
10	+	6	=	16
10	+	7	=	17
10	+	8	=	18
10	+	9	=	19

Automatizando a tabuada

1 Complete os quadros a seguir.

+ 6

4	
9	
2	

+ 4

5	
7	
3	

+ 5

3	
6	
8	

+ 7

3	
6	
5	

+ 8

2	
6	
8	

+ 9

4	
5	
9	

2 Complete o quadro a seguir.

+	1	2	3	4	5	6	7	8	9	10
10	11									

3 Complete as parcelas das adições de modo que as somas fiquem corretas.

a) ____ + ____ = 11

b) ____ + ____ = 18

c) ____ + ____ = 15

d) ____ + ____ = 13

e) ____ + ____ = 6

f) ____ + ____ = 9

g) ____ + ____ = 3

h) ____ + ____ = 16

Vamos trabalhar a adição sem reserva

Atividade

1 Observe os exemplos e faça as adições. Use o Material Dourado.

	D	U
	2	5
+		3
	2	8

a)

	3	4
+		5

b)

	4	2
+		7

c)

	6	3
+		3

	C	D	U
	2	4	3
+		2	5
	2	6	8

d)

	9	2	1
+		4	5

e)

	4	9	2
+			3

f)

	6	4	5
+		3	2

g)

	5	4	2
		5	3
+			4

h)

	3	2	0
	2	4	1
+		1	3

i)

	3	7	4
	3	0	2
+	1	2	0

j)

	4	3	5
	3	0	4
+	2	5	0

k)

	1	2	1
	3	4	2
+	2	1	0

l)

	3	1	3
	1	0	3
+	5	4	3

m)

	1	5	2
	5	1	5
+	3	3	2

n)

	2	6	3
	5	1	4
+	2	0	1

o)

	3	2	1
	2	5	0
+		2	5

p)

	1	7	0
	4	0	5
+		1	2

Problemas de adição sem reserva

Atividades

1 Joana comprou na feira 158 laranjas, 2 dezenas de peras e 1 melão. Quantas frutas Joana comprou?

Resposta: ______________________________

2 A loja de Djalma vendeu 326 carros em janeiro, 240 em fevereiro e 132 em março. Quantos carros foram vendidos nesses três meses?

Resposta: ______________________________

3 Tito comprou 61 figurinhas. Quando chegou em casa, sua mãe havia comprado mais 120. Com quantas figurinhas Tito ficou?

Resposta: ______________________________

Vamos trabalhar a adição com reserva

Atividades

1 Observe os exemplos e efetue as adições. Use o Material Dourado.

	D	U
	①	
	5	7
+	2	5
	8	2

a) 25 + 19

b) 18 + 76

c) 29 + 38

d) 64 + 17

e) 36 + 5

f) 58 + 17

g) 72 + 8

	C	D	U
		①	
	5	4	3
	1	0	6
+	2	4	2
	8	9	1

h) 132 + 217 + 325

i) 359 + 402 + 115

j) 213 + 247 + 15

k) 514 + 132 + 27

l) 152 + 36 + 8

m) 371 + 9 + 5

n) 642 + 31 + 118

o) 623 + 141 + 26

p) 407 + 59 + 10

q) 304 + 252 + 151

r) 212 + 215 + 380

2 Continue observando o exemplo e resolvendo as adições.

	C	D	U
	1		
	2	4	2
	1	9	5
+	5	3	1
	9	6	8

a)

	1	2	7
	3	1	1
+	3	8	1

b)

	3	2	4
	1	5	0
+	2	8	4

c)

	1	6	2
	2	3	4
+		9	1

d)

	4	7	1
	1	4	3
+		5	0

e)

	6	3	0
	1	5	6
+		8	1

f)

	1	7	2
		5	3
+			1

g)

	2	4	0
	1	6	7
+	1	5	1

h)

	5	2	3
	1	7	2
+		5	3

i)

	2	3	4
	3	5	2
+		2	1

j)

	3	7	5
	1	6	2
+		5	1

k)

	6	2	1
		9	3
+			2

3 Continue observando o exemplo e faça as adições.

	C	D	U
	1	1	
	1	6	5
	3	2	4
+		4	3
	5	3	2

a)

	3	4	5
	1	2	5
+	2	7	2

b)

	2	7	3
		1	6
+	3	8	5

c)

	5	9	6
	3	4	1
+		2	6

d)

	3	4	9
		2	5
+		7	3

e)

	6	2	4
		9	7
+		3	1

f)

	4	5	8
	1	3	7
+	2	5	1

g)

	5	3	4
		7	1
+	1	8	9

h)

	4	3	2
	1	7	8
+		2	4

i)

	1	5	4
	2	5	6
+		4	1

j)

	1	5	9
	1	1	0
+		9	6

k)

	2	6	1
	1	6	4
+		1	5

Problemas de adição com reserva

Atividades

1. Um padeiro produziu 480 pães, 230 bolos e 65 tortas. Quantos produtos ele produziu no total?

Neil Setchfield/Alamy/Fotoarena

Resposta: ______________________________

2. Em um cinema já havia 160 pessoas sentadas. Foram vendidos mais 283 ingressos e ficaram 57 cadeiras vazias. Qual é a capacidade de lotação do cinema?

withGod/Shutterstock.com

Resposta: ______________________________

3. Um fazendeiro cria 350 cavalos, 220 vacas e 330 ovelhas. Qual é o total de animais que ele cria?

zorazhuang/iStockphoto.com

Resposta: ______________________________

Educação financeira

Lari recebeu sua mesada e saiu para comprar brinquedos.

Atividades

1 Observe o preço dos brinquedos e responda:

a) Qual é o brinquedo mais caro? Escreva o valor.

Resposta: ______________________________

b) Quais são os brinquedos mais baratos? Escreva o valor.

Resposta: ______________________________

2 Lari comprou os três brinquedos mais baratos. Faça o cálculo e descubra quanto ela gastou.

Resposta: ______________________________

Vamos trabalhar os milhares

Observe:

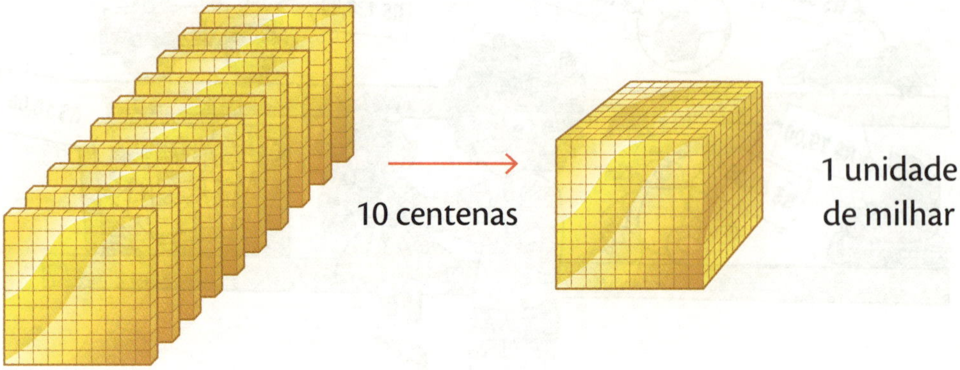

Dez grupos de cem unidades formam um milhar.

M	C	D	U
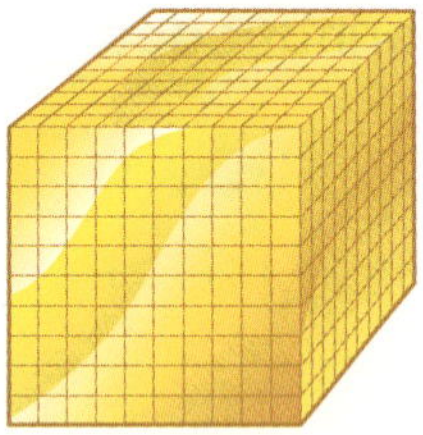			

1 milhar = 10 centenas = 100 dezenas = 1 000 unidades

Milhares exatos

1 milhar = 1 000 → um mil
2 milhares = 2 000 → dois mil
3 milhares = 3 000 → três mil
4 milhares = 4 000 → quatro mil
5 milhares = 5 000 → cinco mil
6 milhares = 6 000 → seis mil
7 milhares = 7 000 → sete mil
8 milhares = 8 000 → oito mil
9 milhares = 9 000 → nove mil

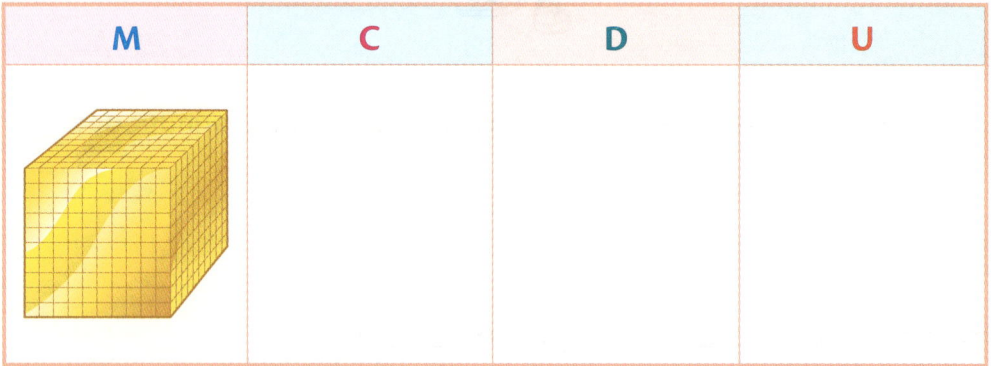

Atividades

1 Escreva as quantidades por extenso. Observe o exemplo.

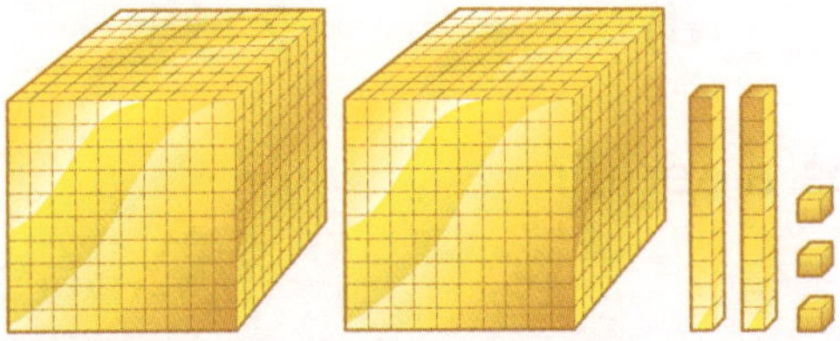

Dois mil e vinte e três ou duas unidades de milhar, duas dezenas e três unidades.

a)

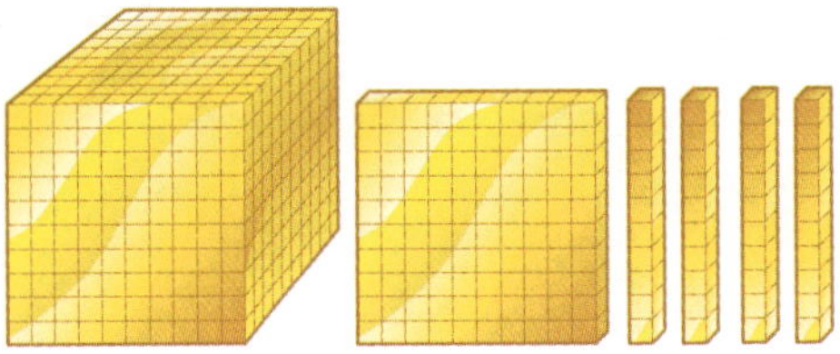

____

____

____

b)

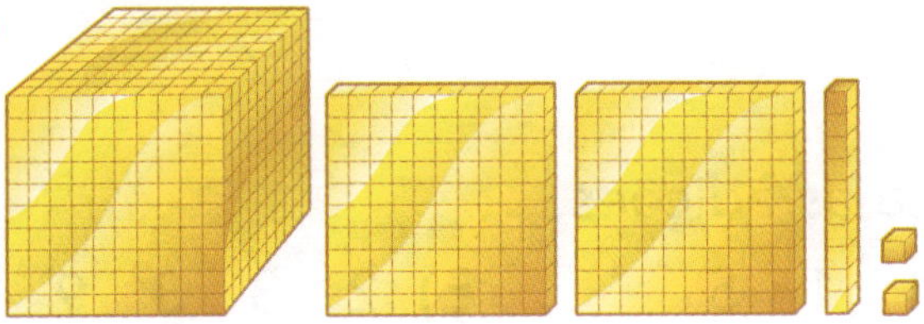

____

____

____

c)

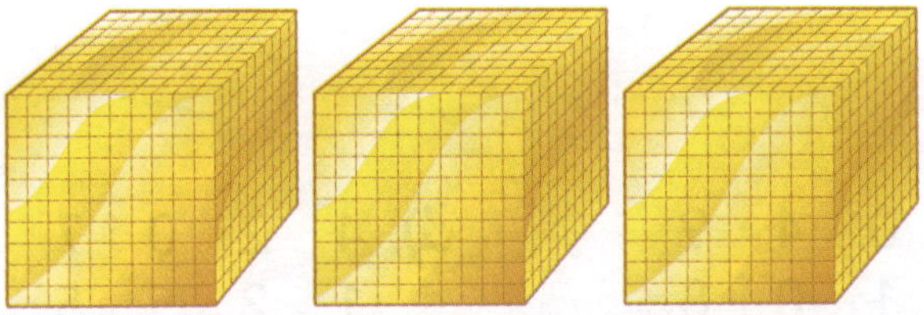

____

____

____

2 Decomponha os números de acordo com o exemplo.

2435 = 2 unidades de milhar + 4 centenas + 3 dezenas + 5 unidades

a) 1218 = ______________________________

b) 5964 = ______________________________

3 Escreva o sucessor e o antecessor dos números dados.

a) ________ 5990 ________ c) ________ 3053 ________

b) ________ 7629 ________ d) ________ 2135 ________

4 Escreva por extenso os números a seguir.

a) 1459 = ____________________

____

b) 3516 = ____________________

____

c) 5411 = ____________________

____

5 Observe os exemplos e faça as adições.

	M	C	D	U
			(1)	
	1	**2**	**0**	**7**
+	**2**	**3**	**1**	**8**
	3	**5**	**2**	**5**

a)
```
  5 4 1 5
+ 1 2 3 7
---------
```

b)
```
  2 3 3 9
+ 4 3 0 3
---------
```

	M	C	D	U
		(1)		
	4	**0**	**9**	**3**
+	**3**	**1**	**2**	**1**
	7	**2**	**1**	**4**

c)
```
  5 0 4 9
+   1 0 8
---------
```

d)
```
  4 2 0 7
+ 1 2 5 5
---------
```

e)
```
  2 7 0 1
+ 6 4 2 5
---------
```

f)
```
  3 7 8 1
+ 1 0 2 3
---------
```

g)
```
  6 2 9 3
+ 1 3 4 5
---------
```

Problemas com unidade de milhar

Atividades

1. Um supermercado recebeu um carregamento de 1 200 latas de leite, 2 centenas de pacotes de café e 98 dezenas de caixas de biscoitos. Calcule quantos produtos o supermercado recebeu.

Rafael Schimidt

Resposta: ____

2. Malu e Lari foram à biblioteca fazer uma pesquisa sobre livros antigos. O livro de Malu tinha 1 250 páginas, e o livro de Lari tinha 998 páginas. Qual é o total de páginas dos dois livros juntos?

Merkushev Vasiliy/Shutterstock.com

Resposta: ____

3. O pai de Tito comprou uma televisão nova por R$ 5.270,00 e uma geladeira por R$ 3.850,00. Quanto ele gastou no total?

ppar/Shutterstock.com

Resposta: ____

4. Uma indústria de sapatos tem três turnos de trabalho: 392 pessoas trabalham pela manhã, 288 pessoas à tarde e 330 à noite. Quantos trabalhadores tem a indústria?

Elnur/Shutterstock.com

Resposta: ____

5 Observe os exemplos e faça o exercício.

M	C	D	U
	①	①	
1	2	4	7
	1	4	3
+ 3	4	6	5
4	8	5	5

a)
```
  3970
  1555
+  210
```

b)
```
  4393
  5009
+   74
```

	M	C	D	U
	①	①	①	
	2	9	4	7
	8	3	0	4
+	1	5	6	2
1	2	8	1	3

c)
```
  8096
  4415
+  631
```

d)
```
  1385
  9746
+ 6213
```

6 Vamos brincar com o quadrado mágico? Complete os quadrados mágicos a seguir.

O quadrado mágico é uma tabela quadrada em que a soma dos números das linhas, a soma das colunas e a soma das diagonais têm o mesmo valor e os números do quadrado não se repetem.

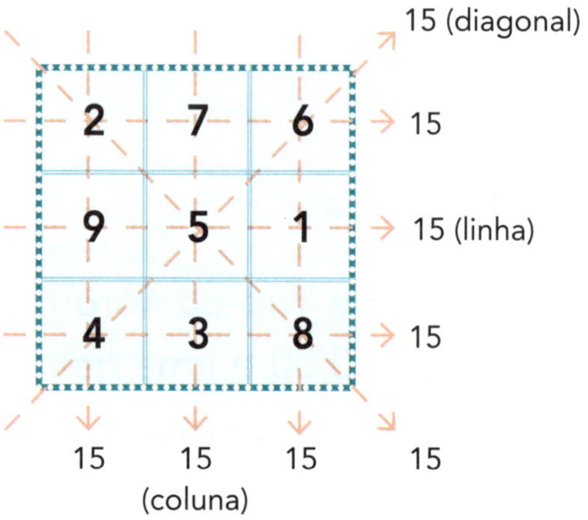

a)

4		6
9		
8		

b)

	3	11
	8	7
5	13	6

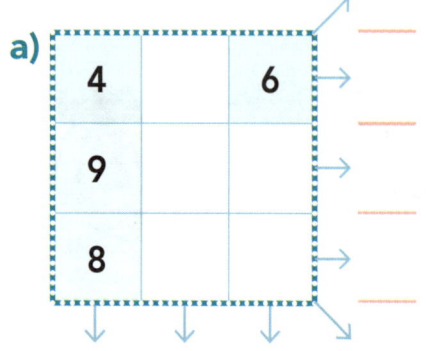

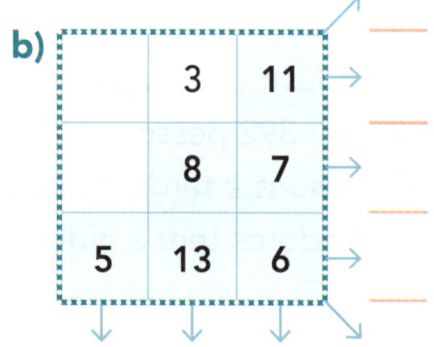

Vamos trabalhar a subtração

Subtração: diminuir, retirar.
Sinal: – (menos).

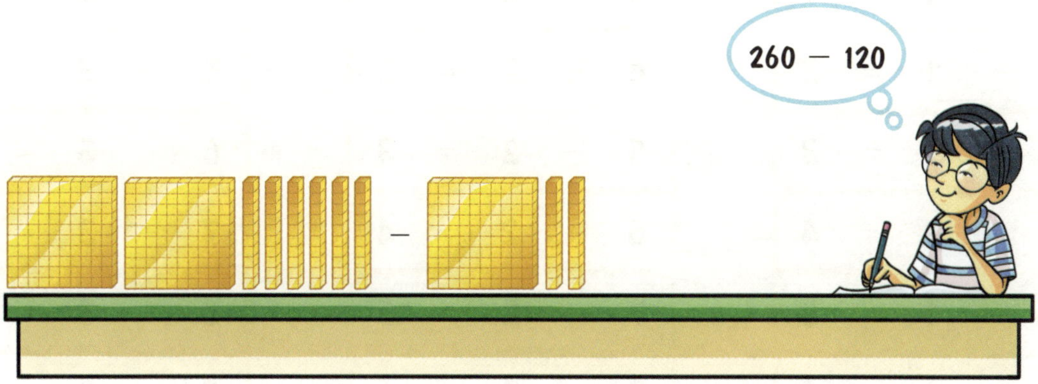

Vítor está estudando a subtração. Ele usa o Material Dourado para fazer o cálculo.

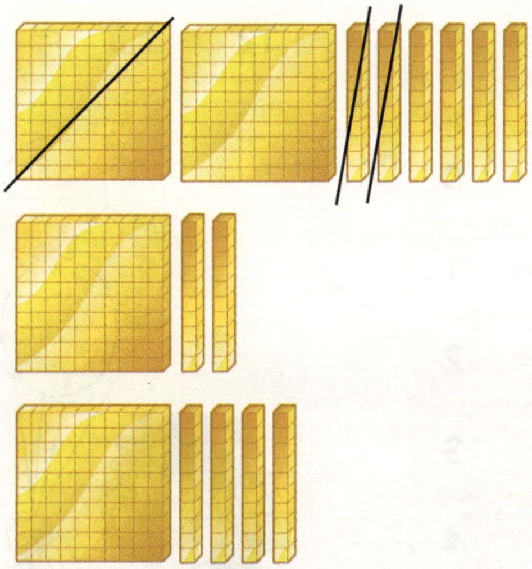

Forma prática:

→ **260** → minuendo

→ **– 120** → subtraendo

→ **140** → resto ou diferença

260 – 120 = 140

Atividade

1 Faça o cálculo abaixo.

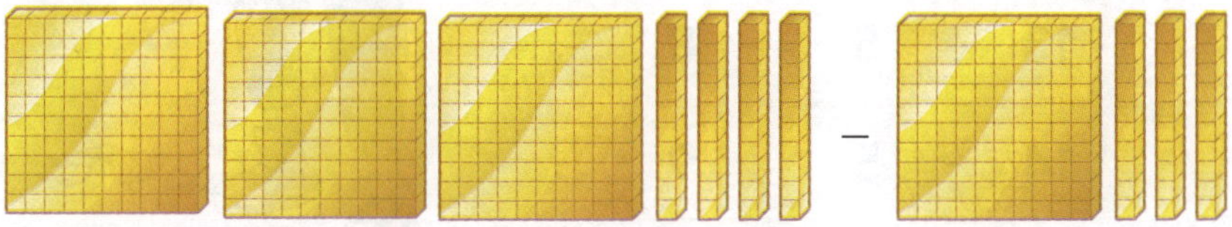

Cálculo mental

Tabuada de subtração de 1 a 5

1	−	1	=	0
2	−	1	=	1
3	−	1	=	2
4	−	1	=	3
5	−	1	=	4
6	−	1	=	5
7	−	1	=	6
8	−	1	=	7
9	−	1	=	8
10	−	1	=	9

2	−	2	=	0
3	−	2	=	1
4	−	2	=	2
5	−	2	=	3
6	−	2	=	4
7	−	2	=	5
8	−	2	=	6
9	−	2	=	7
10	−	2	=	8
11	−	2	=	9

3	−	3	=	0
4	−	3	=	1
5	−	3	=	2
6	−	3	=	3
7	−	3	=	4
8	−	3	=	5
9	−	3	=	6
10	−	3	=	7
11	−	3	=	8
12	−	3	=	9

4	−	4	=	0
5	−	4	=	1
6	−	4	=	2
7	−	4	=	3
8	−	4	=	4
9	−	4	=	5
10	−	4	=	6
11	−	4	=	7
12	−	4	=	8
13	−	4	=	9

5	−	5	=	0
6	−	5	=	1
7	−	5	=	2
8	−	5	=	3
9	−	5	=	4
10	−	5	=	5
11	−	5	=	6
12	−	5	=	7
13	−	5	=	8
14	−	5	=	9

Tabuada de subtração de 6 a 10

6	−	6	=	0
7	−	6	=	1
8	−	6	=	2
9	−	6	=	3
10	−	6	=	4
11	−	6	=	5
12	−	6	=	6
13	−	6	=	7
14	−	6	=	8
15	−	6	=	9

7	−	7	=	0
8	−	7	=	1
9	−	7	=	2
10	−	7	=	3
11	−	7	=	4
12	−	7	=	5
13	−	7	=	6
14	−	7	=	7
15	−	7	=	8
16	−	7	=	9

8	−	8	=	0
9	−	8	=	1
10	−	8	=	2
11	−	8	=	3
12	−	8	=	4
13	−	8	=	5
14	−	8	=	6
15	−	8	=	7
16	−	8	=	8
17	−	8	=	9

9	−	9	=	0
10	−	9	=	1
11	−	9	=	2
12	−	9	=	3
13	−	9	=	4
14	−	9	=	5
15	−	9	=	6
16	−	9	=	7
17	−	9	=	8
18	−	9	=	9

10	−	10	=	0
11	−	10	=	1
12	−	10	=	2
13	−	10	=	3
14	−	10	=	4
15	−	10	=	5
16	−	10	=	6
17	−	10	=	7
18	−	10	=	8
19	−	10	=	9

Automatizando a tabuada

Cálculo mental

1 Faça os cálculos mentalmente e complete os quadros.

−	3	4	5	6	7
1	2				
2					
3					

−	6	7	8	9	10
4		3			
5					
6					

2 Complete corretamente o quadro a seguir.

Minuendo	Subtraendo	Resto ou diferença
	7	6
9		2
15		8
10	7	
18	8	
	4	1

3 Calcule mentalmente e complete as subtrações.

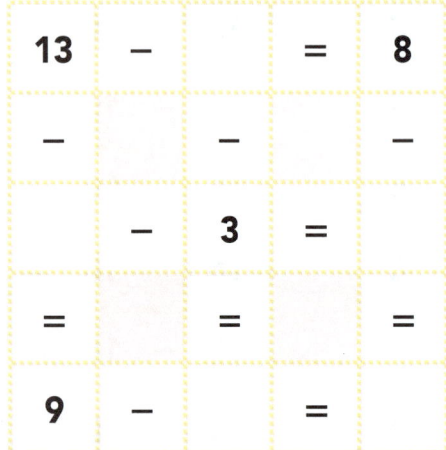

13	−		=	8
−		−		−
	−	3	=	
=		=		=
9	−		=	

	−	7	=	10
−		−		−
9	−		=	
=		=		=
	−	6	=	

Vamos trabalhar a subtração sem recurso

Atividades

1 Observe os exemplos e calcule as subtrações.

D	U
1	8
−	4
1	4

a) $14 - 2$

b) $13 - 2$

c) $19 - 5$

D	U
2	8
− 1	5
1	3

d) $84 - 21$

e) $68 - 43$

f) $57 - 16$

D	U
3	5
− 1	1
2	4

g) $92 - 42$

h) $45 - 20$

i) $73 - 10$

2 Continue resolvendo as subtrações. Observe os exemplos.

C	D	U
5	3	7
− 3	1	4
2	2	3

a) $432 - 121$

b) $687 - 254$

c) $853 - 412$

d) $542 - 401$

e) $948 - 15$

f) $796 - 175$

g) $560 - 140$

M	C	D	U
5	6	8	6
− 2	4	5	4
3	2	3	2

h) 3148 − 2013

i) 1846 − 432

j) 8384 − 272

k) 6405 − 2104

l) 8534 − 6312

m) 5935 − 315

n) 7608 − 4300

o) 9682 − 431

p) 4783 − 240

q) 1898 − 1000

r) 3909 − 2705

3 Observe, pense, descubra o segredo e complete as subtrações abaixo.

a)	346			328				304			286
b)			680				640				
c)		900					400				0
d)		500			350				150		
e)	125			110			95				
f)			440						320		

Vamos trabalhar a subtração com recurso

Atividade

1 Observe os exemplos e faça as subtrações.

	D	U
	3→2	4→14
−	1	8
	1	6

a) 51 − 6

b) 64 − 16

c) 81 − 6

	C	D	U
	4→3	6→16	3
−	2	9	1
	1	7	2

d) 424 − 81

e) 915 − 191

f) 562 − 372

	M	C	D	U
	6→5	2→12	6	5
−	3	9	4	2
	2	3	2	3

g) 2446 − 1713

h) 9583 − 852

i) 9833 − 799

	M	C	D	U
	5→4	2→11	1→11	8
−	2	5	7	2
	2	6	4	6

j) 4264 − 2491

k) 7655 − 2871

l) 6744 − 1873

	M	C	D	U
	8→7	6→15	5→15	3
−	4	8	6	0
	3	7	9	3

m) 3458 − 2872

n) 5834 − 1976

o) 7462 − 5880

Prova real da adição

Para verificar se o resultado de uma adição está correto, podemos tirar a prova real aplicando a operação inversa da adição, que é a subtração.

1º) Adição com duas parcelas

Aplicação da operação inversa

C	D	U		C	D	U		C	D	U
6	1	2		8	4	7		8	4	7
+ 2	3	5		− 2	3	5	ou	− 6	1	2
8	4	7		6	1	2		2	3	5

Do resultado, subtraímos uma das parcelas da adição para obtermos a outra parcela.

Atividade

1 Arme e efetue as adições. Depois, tire a prova real.

a) 235 + 455 =

b) 914 + 713 =

2º) **Adição com mais de duas parcelas**

	C	D	U
	2	**5**	**7**
	1	1	0
+	5	0	1
	8	6	8

	C	D	U
	1	1	0
+	5	0	1
	6	1	1

	C	D	U
	8	6	8
−	6	1	1
	2	**5**	**7**

- Efetuamos a adição.
- Separamos uma parcela.
- Adicionamos as outras parcelas.
- Subtraímos os totais e encontramos a parcela que foi separada.

Atividade

1 Arme e efetue as adições. Depois, tire a prova real.

a) 123 + 232 + 430 =

d) 331 + 120 + 201 =

b) 456 + 326 + 138 =

e) 274 + 149 + 351 =

c) 1 235 + 2 455 + 3 489 =

f) 2 140 + 4 007 + 1 509 =

3º) Aplicação da propriedade comutativa

C	D	U
2	5	7
1	1	0
+ 5	0	1
8	6	8

C	D	U
5	0	1
2	5	7
+ 1	1	0
8	6	8

C	D	U
1	1	0
5	0	1
+ 2	5	7
8	6	8

Se alterarmos a ordem das parcelas, a soma não se modificará.

Atividade

1 Arme e efetue as adições. Depois, tire a prova real aplicando a propriedade comutativa.

a) 146 + 213 + 520 =

b) 331 + 259 + 410 =

d) 810 + 539 + 151 =

c) 492 + 336 + 231 =

e) 371 + 123 + 611 =

Prova real da subtração

Para verificar se uma subtração está correta, podemos tirar a prova real aplicando a operação inversa da subtração, que é a adição.

Observe:

	C	D	U
	2	3	9
−	1	2	8
	1	1	1

	C	D	U
	1	2	8
+	1	1	1
	2	3	9

A soma do subtraendo com o resto é igual ao minuendo.

Atividade

1 Arme e efetue as subtrações. Depois, tire a prova real.

a) 427 − 112 =

b) 2910 − 1263 =

c) 8384 − 3110 =

d) 3724 − 1022 =

e) 2527 − 1850 =

f) 2532 − 2185 =

g) 6 437 − 2857 =

h) 2695 − 1832 =

i) 6825 − 5111 =

j) 7563 − 4160 =

k) 4356 − 1243 =

l) 5 277 − 3163 =

m) 3 980 − 3160 =

n) 4757 − 2344 =

Problemas de subtração

Atividades

1 Em um galinheiro havia 282 galinhas. Foram vendidas 53. Quantas galinhas ainda restam no galinheiro?

Luuuusa/Shutterstock.com

Resposta: ______________________________

2 Na livraria de seu João havia 6 251 livros. Hoje ele possui 5 470. Quantos livros foram vendidos?

SpeedKingz/Shutterstock.com

Resposta: ______________________________

3 Dona Ana nasceu em 1918. Quantos anos ela fez em 2008?

XiXinXing/iStockphoto.com

Resposta: ______________________________

Educação financeira

Tito e Lari saíram para pesquisar preços de presentes para o aniversário de Vítor. Eles encontraram preços diferentes para os mesmos produtos.

1. Circule os presentes mais econômicos que eles poderão comprar.

2. Faça o cálculo e descubra a diferença entre as duas peças iguais de cada item.

3. Escreva o valor do produto de menor preço.

Vamos trabalhar a multiplicação

Multiplicação: repetir um número pela quantidade de vezes que indicar o multiplicador. É uma adição de parcelas iguais.

Sinal: × (vezes).

Observe:

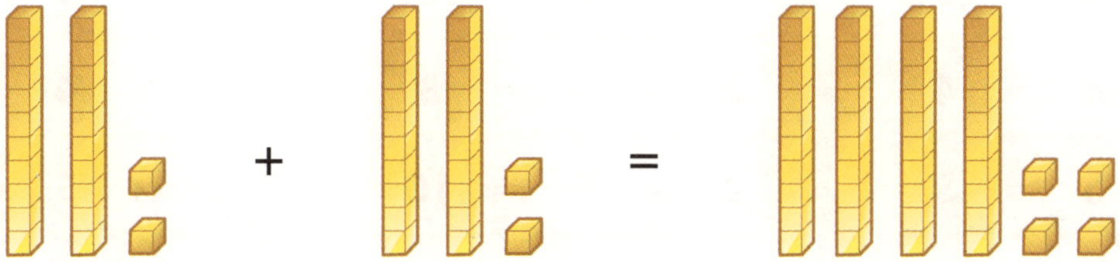

22 + 22 = 44

Duas vezes vinte e dois é igual a quarenta e quatro.

2 × 22 = 44

Forma prática:

2 2	→ multiplicando	fatores
× 2	→ multiplicador	fatores
4 4	→ produto	

Atividade

1 Calcule as multiplicações.

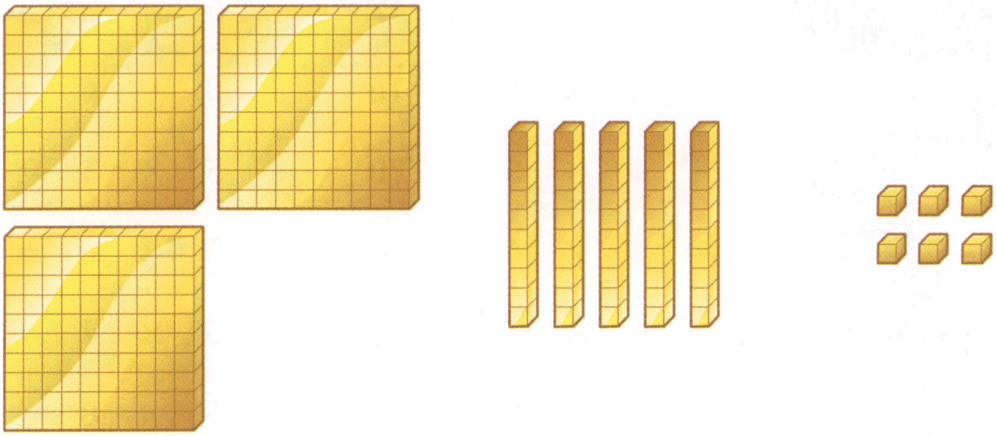

a) 3 × 100 = _____ **b)** 5 × 10 = _____ **c)** 6 × 1 = _____

Tabuada de multiplicação de 1 a 5

Cálculo mental

1	×	1	=	1
1	×	2	=	2
1	×	3	=	3
1	×	4	=	4
1	×	5	=	5
1	×	6	=	6
1	×	7	=	7
1	×	8	=	8
1	×	9	=	9
1	×	10	=	10

2	×	1	=	2
2	×	2	=	4
2	×	3	=	6
2	×	4	=	8
2	×	5	=	10
2	×	6	=	12
2	×	7	=	14
2	×	8	=	16
2	×	9	=	18
2	×	10	=	20

3	×	1	=	3
3	×	2	=	6
3	×	3	=	9
3	×	4	=	12
3	×	5	=	15
3	×	6	=	18
3	×	7	=	21
3	×	8	=	24
3	×	9	=	27
3	×	10	=	30

4	×	1	=	4
4	×	2	=	8
4	×	3	=	12
4	×	4	=	16
4	×	5	=	20
4	×	6	=	24
4	×	7	=	28
4	×	8	=	32
4	×	9	=	36
4	×	10	=	40

5	×	1	=	5
5	×	2	=	10
5	×	3	=	15
5	×	4	=	20
5	×	5	=	25
5	×	6	=	30
5	×	7	=	35
5	×	8	=	40
5	×	9	=	45
5	×	10	=	50

Tabuada de multiplicação de 6 a 10

Cálculo mental

6	×	1	=	6
6	×	2	=	12
6	×	3	=	18
6	×	4	=	24
6	×	5	=	30
6	×	6	=	36
6	×	7	=	42
6	×	8	=	48
6	×	9	=	54
6	×	10	=	60

7	×	1	=	7
7	×	2	=	14
7	×	3	=	21
7	×	4	=	28
7	×	5	=	35
7	×	6	=	42
7	×	7	=	49
7	×	8	=	56
7	×	9	=	63
7	×	10	=	70

8	×	1	=	8
8	×	2	=	16
8	×	3	=	24
8	×	4	=	32
8	×	5	=	40
8	×	6	=	48
8	×	7	=	56
8	×	8	=	64
8	×	9	=	72
8	×	10	=	80

9	×	1	=	9
9	×	2	=	18
9	×	3	=	27
9	×	4	=	36
9	×	5	=	45
9	×	6	=	54
9	×	7	=	63
9	×	8	=	72
9	×	9	=	81
9	×	10	=	90

10	×	1	=	10
10	×	2	=	20
10	×	3	=	30
10	×	4	=	40
10	×	5	=	50
10	×	6	=	60
10	×	7	=	70
10	×	8	=	80
10	×	9	=	90
10	×	10	=	100

Automatizando a tabuada

Atividades

1 Complete o quadro.

×	1	2	3	4	5	6	7	8	9
2				8					
3							21		
4									
5	5								
6					30				
7									
8			24						
9								72	

2 Calcule mentalmente as multiplicações e complete os quadros.

Cálculo mental

	×	3	=	
×		×		×
2	×		=	4
=		=		=
	×	6	=	

	×	1	=	
×		×		×
3	×		=	
=		=		=
	×	3	=	

Vamos trabalhar a multiplicação com reserva

Atividades

1 Observe os exemplos e calcule as multiplicações.

	C	D	U
		(2)	
	2	1	5
×			4
	8	6	0

a) 324×5

b) 132×4

c) 127×2

d) 236×2

e) 129×3

f) 224×4

g) 114×6

	M	C	D	U
		(2)		
	2	1	7	2
×				4
	8	6	8	8

h) 3182×2

i) 1141×5

j) 2251×3

k) 2142×4

l) 1051×6

M	C	D	U
(1)			
2	3	1	2
×			4
9	2	4	8

m) 3823×2

n) 1411×6

o) 2532×3

p) 1602×4

q) 1710×5

2 Vamos reservar dezenas, centenas e milhares? Observe o exemplo.

M	C	D	U
(1)	(1)	(1)	
2	4	3	5
×			3
7	3	0	5

a) 2658×3

b) 1425×6

c) 1462×4

d) 1034×7

e) 3328×3

f) 1312×5

g) 2725×3

h) 1837×2

i) 3125×3

j) 4873×2

k) 1199×8

Vamos trabalhar a multiplicação por dois algarismos

Forma prática:

		D	U	
		1	4	
	×	1	2	
		2	8	→ produto de 2 × 14
+	1	4	0	→ produto de 10 × 14
	1	6	8	→ soma dos produtos

Atividade

1 Efetue as multiplicações. Observe o exemplo.

Lembre-se:

2	×	3	2
10	×	3	2
		3	2
	×	1	2
		6	4
+	3	2	0
	3	8	4

a) 18×45

b) 14×23

c) 23×62

d) 25×53

e) 27×32

f) 38×44

g) 41×71

h) 88×65

i) 93×39

Vamos trabalhar a multiplicação por mais de dois algarismos

Forma prática:

	MCDU	
	3 2 4 6	
×	2 1 2	
	6 4 9 2	→ produto de 2 × 3246
	3 2 4 6 0	→ produto de 10 × 3246
+	6 4 9 2 0 0	→ produto de 200 × 3246
	6 8 8 1 5 2	→ soma dos três produtos

Atividade

1 Resolva as multiplicações.

a)

	MCDU
	3 2 0 6
×	1 2 5

b)

	MCDU
	2 1 4 7
×	3 2 5

c)

	MCDU
	2 3 2 8
×	2 4 6

d)

	MCDU
	4 1 8 2
×	1 3 4

e)

	MCDU
	5 2 5 1
×	1 7 2

f)

	MCDU
	1 1 4 3
×	1 5 2

Vamos trabalhar a multiplicação por 10, 100 e 1 000

Observe:

$$\begin{array}{r} 35 \\ \times\ 10 \\ \hline 350 \end{array}$$

$$\begin{array}{r} 47 \\ \times\ 100 \\ \hline 4700 \end{array}$$

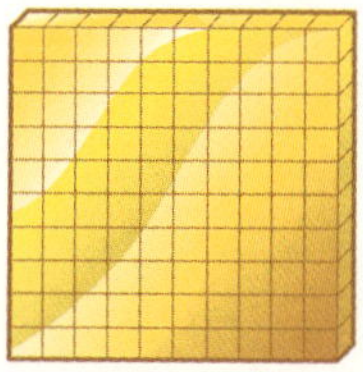

$$\begin{array}{r} 16 \\ \times\ 1000 \\ \hline 16000 \end{array}$$

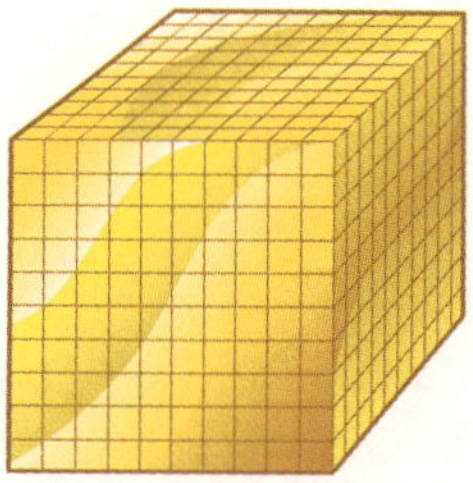

Para multiplicar um número por 10, 100 ou 1 000, basta acrescentar 0, 00 ou 000, respectivamente, à direita desse número.

Atividades

1 Resolva as multiplicações.

a) $\begin{array}{r} 55 \\ \times\ 10 \\ \hline \end{array}$

b) $\begin{array}{r} 84 \\ \times\ 100 \\ \hline \end{array}$

c) $\begin{array}{r} 71 \\ \times\ 1000 \\ \hline \end{array}$

d) $\begin{array}{r} 39 \\ \times\ 100 \\ \hline \end{array}$

2 Faça as multiplicações. Veja o modelo:

785 × 1 000 = 785 000

a) 228 × 100 = ______

b) 9 × 10 = ______

c) 132 × 1 000 = ______

d) 45 × 100 = ______

e) 60 × 100 = ______

f) 2 × 1 000 = ______

g) 38 × 100 = ______

h) 10 × 10 = ______

i) 884 × 1 000 = ______

Problemas de multiplicação

Atividades

1 Márcia comprou uma televisão em 6 prestações de 124 reais. Qual é o valor total da televisão?

Fernando Favoretto/Criar Imagem

Resposta: ______________________________

2 A família de Juca gasta 5 quilos de arroz por semana. Sabendo que um ano tem 52 semanas, quantos quilos de arroz a família gasta por ano?

Fernando Favoretto/Criar Imagem

Resposta: ______________________________

3 Em uma caixa cabem 8 copos. Use essa informação para completar o quadro.

Cálculos:

Quantidade de caixas	Número de copos
5	
8	
9	
12	
17	

Vamos trabalhar a divisão

Divisão: dividir, repartir uma quantidade em partes iguais.

Sinal: ÷ (dividido por).

Observe:

10 ÷ 2 = 5

Dez dividido por dois é igual a cinco.

Forma prática:

Processo longo

dividendo ←		1 0	2	→ divisor
	−	1 0	5	→ quociente
resto ←		0 0		

Processo breve

dividendo ←	1 0	2	→ divisor
resto ←	0	5	→ quociente

Cálculo mental

Tabuada de divisão de 1 a 5

1	÷	1	=	1
2	÷	1	=	2
3	÷	1	=	3
4	÷	1	=	4
5	÷	1	=	5
6	÷	1	=	6
7	÷	1	=	7
8	÷	1	=	8
9	÷	1	=	9
10	÷	1	=	10

2	÷	2	=	1
4	÷	2	=	2
6	÷	2	=	3
8	÷	2	=	4
10	÷	2	=	5
12	÷	2	=	6
14	÷	2	=	7
16	÷	2	=	8
18	÷	2	=	9
20	÷	2	=	10

3	÷	3	=	1
6	÷	3	=	2
9	÷	3	=	3
12	÷	3	=	4
15	÷	3	=	5
18	÷	3	=	6
21	÷	3	=	7
24	÷	3	=	8
27	÷	3	=	9
30	÷	3	=	10

4	÷	4	=	1
8	÷	4	=	2
12	÷	4	=	3
16	÷	4	=	4
20	÷	4	=	5
24	÷	4	=	6
28	÷	4	=	7
32	÷	4	=	8
36	÷	4	=	9
40	÷	4	=	10

5	÷	5	=	1
10	÷	5	=	2
15	÷	5	=	3
20	÷	5	=	4
25	÷	5	=	5
30	÷	5	=	6
35	÷	5	=	7
40	÷	5	=	8
45	÷	5	=	9
50	÷	5	=	10

Tabuada de divisão de 6 a 10

Cálculo mental

6	÷	6	=	1
12	÷	6	=	2
18	÷	6	=	3
24	÷	6	=	4
30	÷	6	=	5
36	÷	6	=	6
42	÷	6	=	7
48	÷	6	=	8
54	÷	6	=	9
60	÷	6	=	10

7	÷	7	=	1
14	÷	7	=	2
21	÷	7	=	3
28	÷	7	=	4
35	÷	7	=	5
42	÷	7	=	6
49	÷	7	=	7
56	÷	7	=	8
63	÷	7	=	9
70	÷	7	=	10

8	÷	8	=	1
16	÷	8	=	2
24	÷	8	=	3
32	÷	8	=	4
40	÷	8	=	5
48	÷	8	=	6
56	÷	8	=	7
64	÷	8	=	8
72	÷	8	=	9
80	÷	8	=	10

9	÷	9	=	1
18	÷	9	=	2
27	÷	9	=	3
36	÷	9	=	4
45	÷	9	=	5
54	÷	9	=	6
63	÷	9	=	7
72	÷	9	=	8
81	÷	9	=	9
90	÷	9	=	10

10	÷	10	=	1
20	÷	10	=	2
30	÷	10	=	3
40	÷	10	=	4
50	÷	10	=	5
60	÷	10	=	6
70	÷	10	=	7
80	÷	10	=	8
90	÷	10	=	9
100	÷	10	=	10

Automatizando a tabuada

Atividades

1 Complete os quadros a seguir.

÷	1	2	3	4	5
1					
2					
3					
4					
5					
6					
8					
10					

÷	1	2	3	4	5
12					
15					
18					
20					
24					
30					
36					
40					

2 Calcule mentalmente e complete as operações a seguir.

Cálculo mental

a) 36 ÷ 6 = ______ 6 × ______ = ______

b) 20 ÷ 4 = ______ 5 × ______ = ______

c) 90 ÷ 10 = ______ 9 × ______ = ______

d) 72 ÷ 9 = ______ 8 × ______ = ______

e) 35 ÷ 5 = ______ 5 × ______ = ______

f) 100 ÷ 10 = ______ 10 × ______ = ______

g) 24 ÷ 6 = ______ 6 × ______ = ______

h) 81 ÷ 9 = ______ 9 × ______ = ______

Vamos trabalhar a divisão exata

Observe:

```
  D U            D U            D U
  1 0 | 2        1 5 | 3        1 2 | 4
- 1 0   5      - 1 5   5      - 1 2   3
  0 0            0 0            0 0
```

Atividade

1 Observe os exemplos e resolva as divisões.

```
  D U
  6 9 | 3
- 6     23
  0 9
  - 9
    0
```

a) 55 | 5

b) 48 | 4

```
  C D U
  4 0 8 | 8
- 4 0     51
  0 0 8
    - 8
      0
```

c) 147 | 7

d) 320 | 8

e) 39 | 3

f) 450 | 9

g) 636 | 6

Vamos trabalhar a divisão não exata

Observe:

```
 M C D U
 3 2 1 7 |_2___
-2         1608
 -----
 1 2
-1 2
 -----
 0 0 1 7
    -1 6
    -----
     0 1
```

Na divisão não exata, o resto é sempre maior que zero e menor que o divisor.

Atividade

1 Efetue as divisões.

a) 6 2 1 3 |_5_

c) 8 4 6 9 |_4_

b) 3 5 5 4 |_6_

d) 2 4 0 9 |_6_

Vamos trabalhar a divisão por dois algarismos

Observe:

	D	U	
	2	4	12
−	2	4	2
	0	0	

	D	U	
	3	9	13
−	3	9	3
	0	0	

	C	D	U	
	1	6	8	24
−	1	6	8	7
	0	0	0	

Atividades

1 Observe o exemplo e resolva as divisões.

	D	U	
	5	2	24
−	4	8	2
	0	4	

a) 9 8 | 32

b) 9 6 | 16

c) 2 3 8 | 51

d) 9 9 8 | 24

e) 7 3 2 | 35

2 Arme e efetue as divisões a seguir.

a) $4311 \div 17 =$

b) $8460 \div 28 =$

c) $2836 \div 59 =$

Prova real da multiplicação

Para verificar se o resultado de uma multiplicação está correto, podemos tirar a prova real aplicando a operação inversa da multiplicação, que é a divisão.

```
  C D U
  ①
  2 4 0
×     3
-------
  7 2 0
```

```
   C D U
   7 2 0 | 3
 − 6     +-----
           240
   1 2
 − 1 2
 -----
   0 0
```

O resultado do produto dividido pelo multiplicador é o multiplicando.

Atividade

1 Resolva as multiplicações. Depois, tire a prova real.

a) $5792 \times 8 =$

b) $845 \times 3 =$

2 Complete:

O resultado do ____________ dividido pelo ____________ é o ____________.

3 Continue resolvendo as multiplicações e tirando a prova real.

a) 1 468 × 5 =

e) 472 × 14 =

b) 53 × 45 =

f) 534 × 6 =

c) 342 × 12 =

g) 1 709 × 5 =

d) 234 × 2 =

h) 31 × 3 =

Prova real da divisão

Para verificar se o resultado de uma divisão está correto, podemos tirar a prova real aplicando a operação inversa da divisão, que é a multiplicação.

Divisão exata

```
  C D U            D U
                   (1)
  4 6 8 | 9         5 2
- 4 5     52      ×   9
  0 1 8           4 6 8
  - 1 8
    0 0
```

O resultado do quociente multiplicado pelo divisor é o dividendo.

Atividades

1 Resolva as divisões. Depois, tire a prova real.

a) 5 7 3 4 | 2

b) 8 3 1 0 | 6

2 Responda:

a) Qual é o nome da operação inversa da divisão?

____

b) O que é dividendo?

____

Vamos trabalhar a divisão não exata

C	D	U	
3	2	9	8
− 3	2		41
0	0	9	
	−	8	
		1	

C	D	U
	4	1
×		8
3	2	8
+		1
3	2	9

Nas divisões não exatas também se aplica a operação inversa. Em seguida, adiciona-se ao produto o resto da divisão.

Atividades

1 Resolva as divisões. Depois, tire a prova real.

a) 8 9 0 2 | 3

c) 9 8 9 6 | 7

b) 7 5 0 | 6

d) 8 6 2 | 4

2 Observe o exemplo e resolva as operações.

M C D U
5 9 9 6 | 23
− 4 6 | 260
1 3 9
− 1 3 8
0 0 1 6

M C D U
2 6 0
× 2 3
7 8 0
+ 5 2 0 0
5 9 8 0

5 9 8 0
+ 1 6
5 9 9 6

a) 9 6 5 5 | 24

b) 6 3 7 5 | 49

3 Resolva os problemas de divisão a seguir.

a) Lúcia repartiu 360 maçãs igualmente entre 3 primas. Quantas maçãs cada uma recebeu?

Oleksandr Lytvynenko/Shutterstock.com

Resposta: ______________________

b) Dona Joana distribuiu 5 252 pães em 52 cestos. Quantos pães ela colocou em cada um?

monticello/Shutterstock.com

Resposta: ______________________

Material Dourado

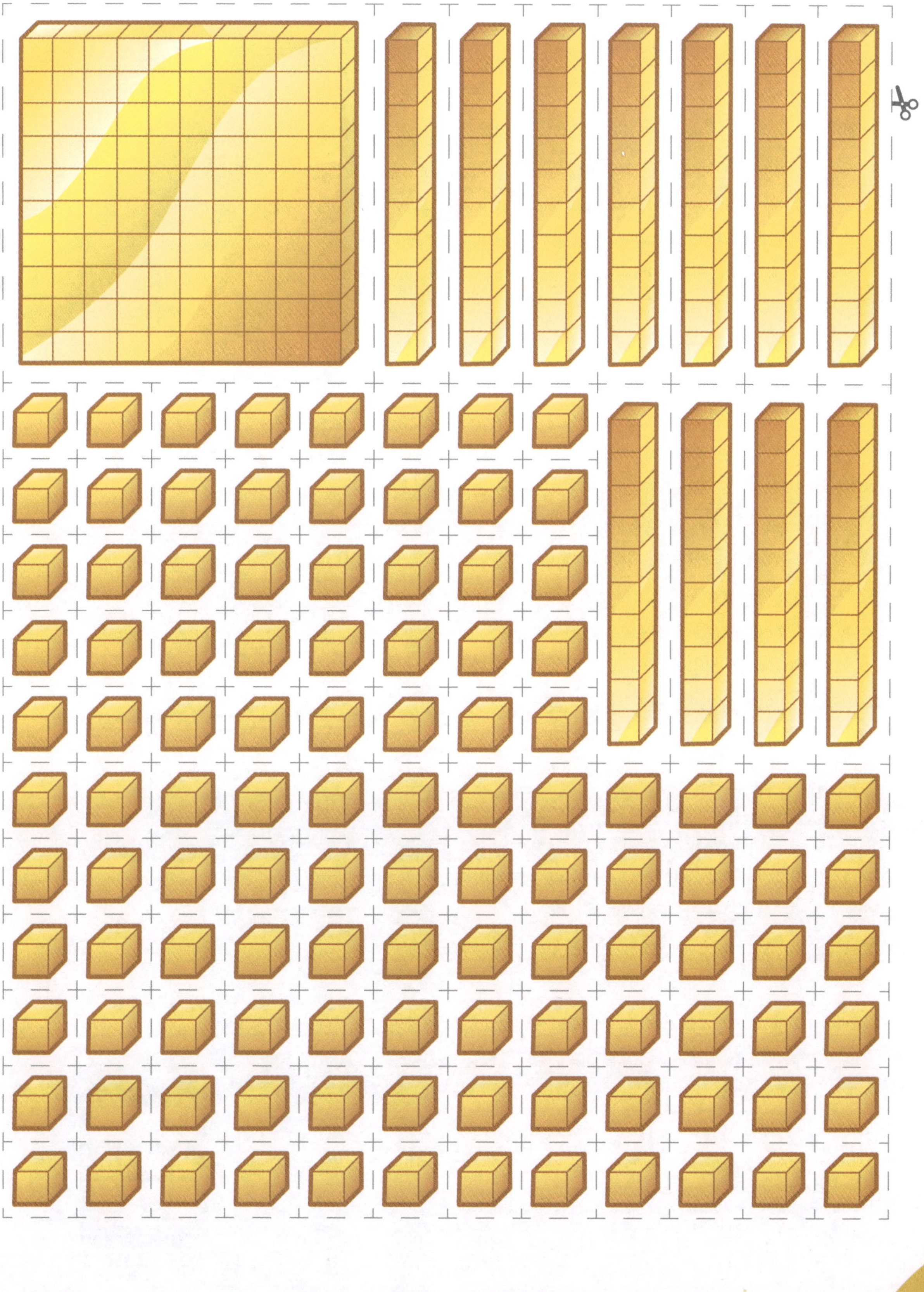

COLAR

Material Dourado

COLAR